1682
J.B. METZLER

Jürgen Mittelstraß / Jürgen Trabant /
Peter Fröhlicher

Wissenschaftssprache

Ein Plädoyer für Mehrsprachigkeit
in der Wissenschaft

J. B. Metzler Verlag

HERAUSGEBER:
Republik Österreich/Österreichischer Wissenschaftsrat (ÖWR).
Liechtensteinstraße 22A, 1090 Wien, Tel: 0043-1-319-49-99-0
www.wissenschaftsrat.ac.at.
Mit freundlicher Unterstützung durch den Schweizer Wissenschafts-
und Innovationsrat (SWIR) und den deutschen Wissenschaftsrat (WR).

Bibliografische Information der Deutschen Nationalbibliothek
Die Deutsche Nationalbibliothek verzeichnet diese Publikation
in der Deutschen Nationalbibliografie; detaillierte bibliografische
Daten sind im Internet über http://dnb.d-nb.de abrufbar.

ISBN 978-3-476-04366-5
ISBN 978-3-476-04367-2 (ebook)

J. B. Metzler, Stuttgart
© Springer-Verlag GmbH Deutschland, 2016

Gedruckt auf chlorfrei gebleichtem, säurefreiem
und alterungsbeständigem Papier
Einbandgestaltung: Finken & Bumiller, Stuttgart
Typografie: Farnschläder & Mahlstedt, Hamburg
Druck und Bindung: Ten Brink, Meppel, Niederlande

J. B. Metzler ist Teil von Springer Nature
Die eingetragene Gesellschaft ist Springer-Verlag GmbH Deutschland
www.metzlerverlag.de
info@metzlerverlag.de

Inhalt

Vorwort

Wissenschaftsräte beraten die Wissenschaftspolitik. Sie wenden sich aber auch an die Wissenschaft selbst, indem sie Fragen und Probleme aufgreifen, die nicht so sehr wissenschaftspolitischer als vielmehr wissenschaftssystematischer Art sind, d. h., die das Selbstverständnis der Wissenschaft, ihre Arbeit und ihre Organisationsformen betreffen.

Im Juni 2012 trafen sich die Vorsitzenden der Wissenschaftsräte Deutschlands, Österreichs und der Schweiz und dachten über Formen einer zukünftigen Zusammenarbeit nach. Ein erstes Ergebnis war die Bildung einer Arbeitsgruppe, die sich mit dem Thema Wissenschaftssprache befassen sollte. Dieses Thema, angestoßen durch die weltweite Umstellung auf das Englische als Wissenschaftssprache, hat sowohl eine wissenschaftspolitische Bedeutung (Aufgabe der Vielsprachigkeit der Wissenschaftssysteme zugunsten der Einsprachigkeit) als auch eine wissenschaftssystematische Bedeutung (was wird wissenschaftlich durch eine solche Umstellung gewonnen, was möglicherweise verloren?). Die Arbeitsgruppe, die sich sechs Mal in den Räumen des Österreichischen Wissenschaftsrates in Wien traf, legt hier ihre Analysen und Empfehlungen vor.

Gedankt sei den Professoren Konrad Ehlich (Berlin), Antonio Loprieno (Basel, Vorsitzender des Österreichischen Wissenschaftsrates) und Gereon Wolters (Konstanz), die sich im Rahmen eines Expertengesprächs im Juli 2016 kritisch mit den Vorstellungen der Arbeitsgruppe befassten, den Professoren Gerd Folkers (Zürich, Präsident des Schweizerischen Wissenschafts- und Innovationsrates) und Kuno Lorenz (Saarbrücken) für ihre schriftlichen Stellungnahmen sowie den drei Räten für ihre Initiative beim Zustandekommen der Arbeitsgruppe und deren institutionelle und finanzielle Förderung. Dieser Dank gilt insbesondere dem Österreichischen Wissenschaftsrat für seine großzügige institutionelle und persönliche Unterstützung, so Dr. Ulrike Plettenbacher (Generalsekretärin), die aktiv an den Beratungen der Arbeitsgruppe teilnahm, Mag. Ursula Pichlwagner-Lang und Mag. Nikolaus Possanner, die die Protokolle führten und bei Recherchen hilfreich waren, sowie Margit Maurer, in deren Händen, unterstützt von Katharina Führer, editorische Arbeiten und alles Organisatorische lagen.

Der Österreichische Wissenschaftsrat versteht sich, unabhängig von seiner Beratungsaufgabe, auch als Plattform für wissenschaftliche und wissenschaftspolitische Debatten. So auch in diesem Fall. Für den Inhalt der vorliegenden Studie sind allein die Autoren verantwortlich. Der Österreichische Wissenschaftsrat hat dankenswerterweise auch die institutionelle Herausgeberschaft übernommen.

Wien, im Herbst 2016

Jürgen Mittelstraß
Jürgen Trabant
Peter Fröhlicher

Einleitung

In der Wissenschaft droht ein Zweiklassensystem: auf der einen Seite die Gruppe derer, die sich im englischsprachigen System fest etabliert haben, in den führenden englischsprachigen Zeitschriften publizieren und ihre Leistungsfähigkeit an einem englischsprachigen Impact-System messen, auf der anderen Seite die Gruppe derer, die sich auch zumindest einem anderssprachigen Wissenschaftssystem verpflichtet fühlen, auch in nicht-englischsprachigen Zeitschriften publizieren und einem Impact-System misstrauen, das andere Maßstäbe als die im englischsprachigen Wissenschaftssystem etablierten nicht zulässt. Die Folge ist: Was nicht in englischer Sprache erscheint, wird in einem mittlerweile überwiegenden Teil der Wissenschaftswelt nicht mehr gelesen. Das passiert nicht nur, sondern wird auch vom herrschenden Wissenschaftssystem bzw. denen, die dazu gehören, selbstbewusst und offensiv vertreten. Damit macht sich ein neuer Provinzialismus breit: Ich lese nur das, was in meiner (der englischen) Sprache geschrieben ist.

Die Wissenschaftssprache wird dabei wie auch in anderen Bereichen, z. B. in der Wirtschaft, in der Touristik und im Sport, im Wesentlichen als Kommunikationssprache angesehen. Andere Beziehungen zwischen Wissenschaft und Sprache, z. B. kognitive, epistemische, historische und kulturelle, bleiben weitgehend unberücksichtigt. Die Entscheidung für das Englische als weltweite Wissenschaftssprache führt damit zu einer globalen monolingualen Kommunikationsgemeinschaft, die in der Wissenschaft immer exklusiver den Zugang zu Positionen, Ansehen, Einkommen und anderen Reputations- und Belohnungsformen bestimmt. Das plurale Gefüge von Wissenschaftssprachen, wie es in Europa etwa bis in die Mitte des 20. Jahrhunderts bestand, löst sich auf in der Herrschaft einer einzigen Wissenschaftssprache. Betroffen sind vor allem europäische Wissenschaftssprachen, die neben dem Englischen Träger der wissenschaftlichen Entwicklung von den Griechen bis in die Moderne waren und zugleich einen wesentlichen Teil der kulturellen Identität Europas ausmachen. Sie sind die eigentlichen Verlierer der neueren Entwicklung und mit ihnen die unterschiedlichen Wissenschaftskulturen Europas. Die Chance, dass auch in Zukunft der wissenschaftliche Fortschritt von einer vielsprachigen internationalen Forschergemeinschaft getragen wird, scheint vertan zu sein. Hier fehlt mittlerweile selbst das Bewusstsein, dass sich in der Wissenschaftsgeschichte auch eine Verlustgeschichte spiegeln könnte.

Die folgenden Überlegungen suchen dem entgegenzutreten, indem sie deutlich machen, dass die Wissenschaft ein sprachliches Wesen hat und sich dieses Wesen gerade jenseits einer Entscheidung für Einsprachigkeit zum Ausdruck bringt. Es wird erkenntnistheoretisch, wissenschaftstheoretisch, historisch, kulturell und institutionell argumentiert. Versucht wird zugleich, die Fundamente der Diskussion über die Sprache der Wissenschaft tiefer zu legen, als dies in der Regel zwischen Triumph und Klage der Fall ist. Den Anfang bilden einige erkenntnis- und wissenschaftstheoretische Erwägungen.

1. Sprache und Wissen

Sprache ist dem Wissen nicht äußerlich. Sie dient nicht nur der Kommunikation von Wissen und um das Wissen, etwa in Hörsälen und Laboren, sondern formt auch das Wissen selbst. Das gleiche gilt vom Verhältnis von Sprache und Denken, insofern auch das Denken unterscheidend und benennend sprachliche Züge trägt. Im Falle des Wissens tritt Sprache als das Sprachsystem einer natürlichen Sprache auf, im Falle des Denkens als ein Zusammenhang beherrschter Sprachhandlungen. Im wissenschaftlichen Kontext nimmt Sprache die Rolle eines Mittels ›objektiver‹ Darstellung von Sachverhalten ein, und zwar unter Einschluss einer Konstruktion sprachlicher Mittel.

Historisch verbindet sich diese Vorstellung meist mit den Namen Herder und Humboldt. Bei Johann Gottfried Herder ist es die Verbindung zwischen Sprache und Vernunft (›ohne Sprache keine Vernunft‹), bei Wilhelm von Humboldt die Verbindung zwischen Sprache und Welt (Sprache als Trägerin einer ›Weltansicht‹, nicht als ›Werk‹, sondern als weltbildende ›Tätigkeit‹ verstanden), die das Wissen an seine sprachliche Form bindet. Danach bedingen unterschiedliche semantische Strukturen der Sprache unterschiedliche Anschauungs- und Denkstrukturen. Auch Ludwig Wittgensteins bekanntes Diktum »eine Sprache vorstellen heißt, sich eine Lebensform vorstellen«[1] gehört hierhin.

Im Vordergrund philosophischer Analysen steht von je her und allgemein gesprochen das Verhältnis von Sprache und Welt, d.h. der Zusammenhang von ›what is true‹ und ›what there is‹ (W. V. O.

Quine). Systematisch geht es um den Zusammenhang von erkenntnistheoretischen und ontologischen Analysen. Eben das gilt auch für das Verhältnis von Sprache und Wissen, vor allem unter dem Aspekt des wissenschaftlichen Wissens. Dass Sprache dem Wissen nicht äußerlich ist, betrifft auch die Wissenschaft, oder anders ausgedrückt: auch die Wissenschaft ist sprachlich verfasst. Dies gilt insbesondere im theoretischen Bereich, d.h. im Bereich der *Theoriesprachen*. Diese wiederum gehören zur Wissenschaft vornehmlich im Modus der Darstellung (Darstellung, was der Fall ist), weniger im Modus der Forschung (Herausfinden, was der Fall ist).[2]

Wo von Theoriesprache die Rede ist, geht es um die sprachlichen Strukturen einer Theorie. Diese sind allerdings nicht sprachlich im geläufigen Sinne, sondern durch begriffliche Bestimmungen (Terminologien) charakterisiert. Begriffe treten generell als (intensionale) Bedeutungen von Prädikaten auf; sie werden über eine Äquivalenzrelation ›bedeutungsgleich‹ bzw. ›intensional äquivalent‹ abstraktiv aus Prädikaten gewonnen. Im Begriff der Theoriesprache geht es also gar nicht um Fragen wie Englisch als Wissenschaftssprache oder Deutsch als Wissenschaftssprache, sondern um begriffliche Konstruktionen, die unabhängig von gegebenen (natürlichen) Sprachen sind bzw. deren Übersetzung in solche Sprachen durch Äquivalenzrelationen (z.B. bezüglich eines englisch-deutschen/deutsch-englischen Wörterbuchs im Sinne eines Regelsystems) geregelt wird. Wissenschaftstheoretisch gesehen besteht das Problem einer Theoriesprache primär nicht in der Konkurrenz unterschiedlicher Sprachen (Sprachpraxen), sondern in der Klärung der sprachlichen Struktur einer Theorie bzw. in der erforderlichen Klarheit im Bereich der Wissenschaftssemantik.

Die Frage, in welcher Sprache die Wissenschaft sprechen soll, in einer (Englisch) oder in mehreren Sprachen, ist dann anderer Art. Sie betrifft im dargestellten Sinne nicht die Theoriesprache der Wissenschaft – so ist z.B. die Sprache der Relativitätstheorie vor aller Sprachenvielfalt dieselbe –, sondern zunächst die Sprache, in der die Wissenschaft kommuniziert, mit sich selbst und mit der Gesellschaft. Wissenschaftstheoretisch formuliert wird hier aus einer Geltungsfrage (›Objektivität‹ der Darstellung wissenschaftlicher Sachverhalte) eine Kommunikationsfrage. Damit ist allerdings systematisch noch nicht das letzte Wort über den Status von Wissenschaftssprachen gesprochen. Es gibt nämlich neben dem wissenschaftstheoretischen Aspekt im engeren Sinne auch noch einen erkenntnistheoretischen Aspekt im weiteren Sinne. Dieser betrifft den Umstand (oder die Einsicht), dass unser Wissen, insbesondere unser wissenschaftliches Wissen, auf elementaren Orientierungen und Fähigkeiten basiert, die durch diese Konstruktionen selbst nicht begründet werden können, die also in methodischer Hinsicht nicht selbst wieder hintergehbar sind. Zu diesen elementaren Orientierungen und Fähig- oder Fertigkeiten gehören die elementare Prädikation (als grundlegende Sprachhandlung in Form einfachster Aussagen) und elementare Handlungsformen.[3]

Jedes Wissen, damit auch ein theoretisches oder wissenschaftliches Wissen, setzt neben der Praxis des Benennens (mit dem sich hier stellenden Problem des Gegebenen oder Konstruierten) eine elementare Praxis des Unterscheidens, des Unterscheidungenverwendens und des Argumentierens für oder gegen unterscheidungsabhängige Behauptungen voraus. Es gibt keinen Anfang, auch keinen Anfang einer wissenschaftlichen Theorie oder Empirie, der sich außerhalb von Unterscheidungen stellen könnte, weshalb, erkenntnistheoretisch und methodologisch formuliert, ein elementares Unterscheidungs- und Orientierungswissen, ausgedrückt in elementaren Aussagen, der elementaren Prädikation, ein *Apriori* jeglichen Erkennens darstellt (unter der Voraussetzung, dass über den Bereich der Gegenstände, um die es jeweils geht, hinreichende Übereinstimmung herrscht oder hergestellt werden kann). Das Fundamentale ist das (sprachliche) Unterscheiden. Oder anders formuliert: Da das theoretische Wissen die elementare Prädikation weder zu erklären noch zu begründen vermag, ohne selbst schon von ihr Gebrauch zu machen, und da es ferner keine, auch keine apriorische Begründung einer Theorie geben kann, in die nicht selbst schon jene vortheoretische Unterscheidungs- und Orientierungspraxis als ein apriorischer Bestandteil Eingang gefunden hätte, stellt die elementare Prädikation ein *Unterscheidungsapriori* dar. Ein derartiges Apriori findet in Fundierungszusammenhängen seinen Eingang auch in empirische Theorien, muss hier allerdings, weil derartige Theorien nicht allein aus sprachlichen Normierungen bestehen, um ein besonderes Herstellungswissen ergänzt werden, von dem sie in ihrem apparativen und experimentellen Aufbau Gebrauch machen. Als vortheoretisches Herstellungswissen stellt es z. B. die handwerklich gelingende Geräteherstellung dar, womit neben das Unterscheidungsapriori ein *Herstellungsapriori* tritt.

Wissenschaftssprachen, allgemein gesprochen, basieren damit auf einer elementaren Unterscheidungspraxis, die nicht in jedem Falle die gleiche ist. Diese Praxis gründet vielmehr in historisch gewachsenen, der praktischen Kommunikation über Gegenstände und Sachverhalte sowie der Weltgestaltung dienenden Sprachen. Hier setzen die Überlegungen Herders und Humboldts an, und hier operiert eine moderne, philosophisch und linguistisch ausgewiesene Sprachtheorie.

Von unreflektierten Sprachabhängigkeiten befreit sich die Wissenschaft über die Konstruktion besonderer Wissenschaftssprachen, am deutlichsten in ihren *theoriesprachlichen* Teilen. Doch das gilt nicht über alle wissenschaftlichen Disziplinen hinweg in gleicher Weise. Wissenschaften, die eine eigene (formale) Sprache ausgebildet haben, so z. B. die Mathematik, tun sich hier leichter, Wissenschaften, für die dies nicht gilt, d. h., die weit enger mit einer gegebenen allgemeinen Sprachpraxis verbunden sind, so z. B. die Geisteswissenschaften, tun sich hier naturgemäß schwerer. Ein

Grund ist, dass die Objekte hier nicht so einfach für gegeben gehalten werden können wie im Falle formaler Wissenschaften, deren Objekte eigene Konstruktionen sind. Hier wäre ein Verzicht auf besondere, lebensweltlich oder kulturell vermittelte Unterscheidungssysteme, wie sie die historisch gewachsenen Sprachen darstellen, erkenntnistheoretisch gesehen, ein Verlust; Unterscheidungen, die differenzierten Sprach- und Erkenntnisleistungen folgen, gingen verloren. Auf der Wissenschaftsebene bedeutet dies allgemein: Disziplinensprachen schließen in sehr unterschiedlichem Umfang formalsprachliche Teile ein; formale Sprachen und disziplinär unterschiedlich ausgeprägte nicht-formale Sprachen bilden zusammen die Wissenschaftssprache.

Unterschiedliche Sprachformen folgen nicht nur unterschiedlichen Funktionen, sondern weisen hinsichtlich der ihnen zugrundeliegenden Unterscheidungssysteme auch unterschiedliche Abhängigkeiten von diesen Systemen auf. In einer Wissenschaftssprache richtet sich diese Abhängigkeit vor allem nach dem Maß ihrer formalisierbaren und nicht-formalisierbaren Teile. In stark formalisierten Disziplinen sind diese Abhängigkeiten (von expliziten Sprachkonstruktionen) klar, in wenig oder gar nicht formalisierten Disziplinen nicht. Hier nehmen argumentative Teile die Stelle von (formalisierten) Abhängigkeitsbeziehungen ein (die sich streng genommen selbst wiederum als eine spezielle Form von Argumentation rekonstruieren lassen). Mit anderen Worten, auch wenn es im Begriff der Wissenschaftssprache im Wesentlichen um die sprachlichen (begrifflichen) Strukturen von Theorien geht, damit um Fragen der Wissenschaftssemantik, die durch Sprachkonstruktionen beantwortet werden, kommt ein nicht unwesentlicher Teil des Wissenschaftsspektrums ohne entsprechende Theoriestrukturen aus bzw. erweist sich als wenig geeignet, derartige Strukturen auszubilden. Das ist z. B. charakteristisch für Wissenschaftssprachen in den Geisteswissenschaften, auch wenn in der modernen wissenschaftlichen Entwicklung, z. B. im Blick auf hermeneutische, instrumentelle und formalsprachliche Dinge, die traditionell lange betonte Grenze zwischen den Geistes- und den Naturwissenschaften immer wieder in beiden Richtungen überschritten wird. Dieser Umstand sollte bei Entscheidungen wissenschaftspolitischer Art, etwa bei der Wahl unterschiedlicher Kommunikationssprachen, berücksichtigt werden. Die Sprache ist eben dem Wissen nicht äußerlich.

Alles in allem gilt, dass das ›Spiel Wissenschaft‹, von dem bei Karl R. Popper die Rede ist[4], viel zu facettenreich, zu vielschichtig, zu pluralistisch ist, wozu auch seine sprachliche Verfasstheit gehört, als dass es in einer einzigen Sprache gespielt werden könnte. Und das gilt keineswegs nur für die Geisteswissenschaften, sondern auch für die Naturwissenschaften, jedenfalls in deren nicht-empirischen, nicht auf Experimente und Apparatestellungen Bezug nehmenden Teilen, insbesondere Einführungsteilen. Erneut geht es dabei um die Unterscheidung zwischen Wissenschaft im Modus der Forschung und Wissenschaft im Modus der Darstellung. Popper, dessen ›Logik der Forschung‹, bezogen auf diese Unterscheidung, als Darstellung von Forschung (gewissermaßen als Darstellung 2. Stufe) einzuordnen ist, meinte ein durch methodologische Wege bestimmtes Spiel. Doch es ist nicht nur ein Methodenspiel, sondern auch ein Sprachspiel im Wittgensteinschen Sinne, nämlich ein sprachlicher Zusammenhang, der in seiner Struktur auf Regeln verweist, ohne diesen einfach zu folgen. Tatsächlich wird das Spiel Wissenschaft nicht nur im methodologischen und sprachphilosophischen Sinne gespielt, sondern auf allen Ebenen eines Wissenschaftssystems, die institutionelle Ebene, etwa wenn es um Reputationsfragen geht, eingeschlossen.

2. Historische Entwicklungen

Das moderne plurale Sprachregime der Wissenschaften bildet sich in Europa seit dem 16. Jahrhundert.[5] Im Mittelalter war die Wissenschaft einsprachig lateinisch. Latein war die Sprache der Herrschaft, des Rechts und der Kirche, auch der von dieser verwalteten Wissenschaft. Alle höheren Diskurse – außer der Dichtung – waren lateinisch. Das heißt auch: Alles Geschriebene war lateinisch. Eine kleine Gruppe von Schrift- und Lateinkundigen bildete eine gesamteuropäische Sprachgemeinschaft, sozusagen als gelehrte Erbin des untergegangenen Römischen Reiches. Latein war die Sprache der Höhe und der Distanz, sozial, geographisch, medial, kulturell. Die Völker Europas sprachen dagegen im täglichen Leben verschiedene Vernakularsprachen, Sprachen der Nähe. Dies waren im Wesentlichen die aus dem gesprochenen Latein hervorgegangenen romanischen Sprachen und die germanischen und slavischen Sprachen. Die Sprachsituation in Europa war also überall ›diglossisch‹: ›oben‹ eine einzige hohe Schriftsprache und ›unten‹ die vielen ›niedrigen‹ Sprachen. Letztere definierten sich selbst als Sprachen des Volkes (*vulgus*): ›vulgare‹, wie auch ›deutsch‹, heißt nichts anderes als ›zum Volk gehörig‹. Die Diglossie reflektierte damit eine tiefe gesellschaftliche Spaltung zwischen dem Volk und den *doctores*.

Aus einer Vielzahl von politischen, soziologischen, religiösen Gründen steigen ab dem 16. Jahrhundert die niedrigen Sprachen in die Diskurse auf, die bisher dem Lateinischen vorbehalten waren. Die Literatur als ›hoher‹ volkssprachiger Diskurs bereitet diesen Aufstieg gleichsam vor. Jetzt geht z. B. die königliche Verwaltung in Frankreich vom Lateinischen zum Französischen über, die Religion – als der höchstmögliche Diskurs verstanden – wird in der Reformation volkssprachlich, praktische Wissenschaften – Pharmazie, Malerei, Chirurgie, aber auch die Mathematik – werden in Volkssprachen abgehandelt. Dieser Aufstieg der Volkssprachen hat zwei hochsymbolische Daten: Die Wissenschaft wird volkssprachlich mit Galileo Galilei (1632), die Philosophie mit René Descartes (1637). Warum schreiben Galilei und Descartes italienisch bzw. französisch? Beide suchen eine neue Sprachgemeinschaft. Die alte lateinische Gemeinschaft der internationalen schulmäßigen Gelehrsamkeit geben sie auf zugunsten einer Gemeinschaft praktisch Handelnder und ›natürlich‹ Denkender in einem engeren Kommunikationskreis (*la mia città, mon pays*). Der Sprachwechsel hat also eindeutig *kommunikative* Gründe. Die Wissenschaftler nehmen die Einbuße von Internationalität und Distanz in Kauf, um wirkungsvoller in ihrer sozialen Nähe zu kommunizieren.

Die Aufhebung der mittelalterlichen Diglossie Latein – Volkssprache ist ein bedeutsamer gesellschaftlicher Fortschritt: Sie vermählt die (vormals exklusiv lateinische) Theorie mit der (volkssprachlichen) Praxis, die Schule mit der Werkstatt. Diese Verbindung ist schon 1551 in Niccolò Tartaglias volkssprachigem Traktat »Travagliata inventione« beispielhaft vollzogen, desgleichen in dessen Übersetzung des Euklid ins Italienische zur Vermittlung des akademischen Wissens an die technische Praxis in den oberitalienischen Werkstätten. Die kognitiven Potentiale der Volkssprachen werden genutzt, etwa der Reichtum des Bergbauwortschatzes des Deutschen, auf den Gottfried Wilhelm Leibniz hinweist. Die Verwendung der Volkssprache in den Wissenschaften stellt tendenziell eine Überwindung der gesellschaftlichen Trennung zwischen den *doctores* und dem Volk dar, speziell auch zwischen den Latein schreibenden Männern und den die Volkssprache sprechenden Frauen.

Dass der Sprachwechsel auch *kognitive* Implikationen hat, wird weder von Galilei noch von Descartes reflektiert. Das überrascht nicht: Descartes denkt hinsichtlich der Sprache noch völlig traditionell: Wörter sind Zeichen zur Kommunikation des sprachlos Gedachten. Doch setzt der Aufstieg der Volkssprachen in Wissenschaft und Philosophie eine Sprachreflexion in Gang, die ein ganz neues Verständnis von Sprache hervorbringt, ohne Zweifel die zweite wichtige Errungenschaft dieses sprachhistorischen Prozesses. Francis Bacon erkennt im Rahmen seiner Konzeption von Wissenschaft als rational geplanter Empirie (auf der Basis induktiver Argumente), dass die Sprachen volkstümliche Begriffe schaffen, die natürliche Sprache also eine unwissenschaftliche Semantik enthält, welche die Wissenschaft eher behindert als fördert. John Locke verschärft Bacons Befund noch dahingehend, dass diese Vorstellungen auch von Sprache zu Sprache verschieden sind. Er stellt sich damit gegen die Überzeugung, die das philosophische Europa seit Aristoteles einte, nämlich dass die Vorstellungen der Menschen überall dieselben seien und die Sprachen nur verschiedene Laute für dieselben Vorstellungen (*communes conceptiones*, d. h. Vorstellungen, die von jedermann geteilt werden). Das Verschwinden der Universalsprache Latein generiert also eine Einsicht in das Wesen von Volkssprachen, die eine der großen Entdeckungen der Neuzeit ist: volkssprachliche Bedeutungen sind keine wissenschaftlichen Begriffe, sie konstituieren vielmehr eine eigene kognitive Ebene, und sie sind verschieden von Sprache zu Sprache. Diese Entdeckung ist an ihrem Anfang extrem kritisch gemeint, ja bei Bacon geradezu religiös aufgeladen: Wissenschaft muss gegen diese sprachlich falschen Götzen (*idola fori*), diese ›Verhexung‹ des Denkens mit der Schaffung einer neuen wissenschaftlichen Sprache, der Sprache der Wissenschaft ankämpfen. Schon Leibniz bewertet die Entdeckung der sprachlich-kognitiven Ebene aber anders: Die sprachlichen Bedeutungen sind Kognition, zwar nicht die höchste, aber doch eine wertvolle Form menschlichen Denkens, *notio confusa*, eine nicht deutliche (*distincta*), aber immer noch klare (*clara)* Vorstellung, und er preist die sprachliche Vielfalt als Spiegel einer ›wunderbaren Vielfalt‹ der Operationen des menschlichen Geistes.[6]

Auch die Doppelfunktion von Sprache wird durch diese Entdeckungen deutlich: Sprache dient nicht nur der Kommunikation, wie das alte Europa glaubte, das Wörter als kommunikative ›Zeichen‹ des ohne Sprache Gedachten verstand – getreu der ursprünglich Aristotelischen Vorstellung, dass Wörter (gemeint sind alle Autosemantika) Namen für Vorstellungen sind, die ihrerseits Bilder von Weltausschnitten sind. Nun entdeckt man, dass Sprache selbst schon Kognition ist und dass verschiedene Sprachen verschiedenes, partikulares Denken repräsentieren bzw. schaffen. Damit gründet die Verschiedenheit der Sprachen noch tiefer, als es die europäische Sprachreflexion in ihrem Grundmythos gedacht hatte. Der Turmbau zu Babel denkt Sprachverschiedenheit als gigantisches Kommunikationshindernis. Jetzt stellt sich heraus, dass Sprachverschiedenheit auch Differenzen im menschlichen Denken mit sich führt. Damit erhält die Frage der Sprache gerade auch in der Wissenschaft, in der es um objektive (›wahre‹) Erkenntnis geht, eine fundamentale Bedeutung.

Klar ist von nun an, dass das Denken eingelassen ist in die Sprache und damit ein partikulares Wesen besitzt. Wissen ist sprachlich verfasst, und das heißt zunächst einmal, dass es in einer bestimmten Sprache verfasst ist. Wissenschaft verliert in dieser Form ihre universelle Selbstverständlichkeit, wie sie im Mittelalter die Existenz einer einzigen Wissenschaftssprache mit sich brachte, womit auch nicht mehr gleichgültig ist, in welcher Sprache wissenschaftlich gedacht wird. Die entscheidende Frage ist: Wie bewahrt oder gewinnt die Wissenschaft ihre Universalität? Schließlich kann das wissenschaftliche Denken nicht eingeschlossen sein in die semantischen Fesseln einer Einzelsprache. Die Universalität von Wissenschaft muss vielmehr durch die sprachlichen Partikularitäten hindurch gewonnen werden. Auch wenn ich in meiner Sprache vom ›Sonnenaufgang‹ spreche, kann ich die Rotation der Erde um die Sonne wissenschaftlich fassen und denken. Auch wenn ich ein bestimmtes Tier ›Silberfischchen‹ nenne, es also sprachlich-semantisch als ›kleinen Fisch‹ fasse, kann ich es zoologisch korrekt als Insekt klassifizieren.

Die Kritik eines Bacon oder Locke gegenüber den Volkssprachen hat die Wissenschaftler nicht daran gehindert, sich der verschiedenen Volkssprachen zu bedienen. Im deutschen Sprachraum sind berühmte Fälle dieses Abschieds vom Lateinischen die deutschen Vorlesungen von Christian Thomasius 1687, die deutschen philosophischen Werke von Christian Wolff am Anfang des 18. Jahrhunderts und vor allem Immanuel Kants Philosophieren auf Deutsch. Im deutschen Sprachraum ist dann vom Anfang des 19. Jahrhunderts an Wissenschaftliches mehrheitlich auf Deutsch publiziert worden. Auch wenn sich dies in den verschiedenen europäischen Ländern zeitlich nicht völlig synchron ereignet hat, kann man doch sagen, dass dieses europäische Sprachregime der Wissenschaft von 1750 oder 1800 bis 1950 gehalten hat.

Jean le Rond d'Alembert, mit Denis Diderot Herausgeber der großen französischen *Encyclopédie*, beklagt schon 1751 dieses Sprachregime der Wissenschaft in vielen Sprachen, weil es die Wissenschaftler dazu zwinge, ihr Leben mit Sprachenlernen zu vergeuden, statt zu forschen. Dabei wird übersehen, dass die Forschung in Europa offensichtlich gerade durch die Volkssprachen wesentlich angeregt wurde. Die postlateinische Zeit ist eine Zeit ungeheurer wissenschaftlicher Dynamik. Georg Wilhelm Friedrich Hegel feiert den Übergang der Philosophie in die Volkssprache, die Möglichkeit, das ›Höchste‹ in der eigenen Sprache zu denken[7], als Befreiung von der geistigen Knechtschaft durch eine fremde Sprache (Latein).

Das Verfügen über die ›eigene‹ Sprache sieht er als entscheidende Bedingung geistiger, damit auch wissenschaftlicher Kreativität und im Übrigen das Verfügen über Wissenschaft in der eigenen Sprache als Grundbedingung der ›Bildung‹ eines Volkes.[8]

Es war für die Wissenschaftler eine beflügelnde Erfahrung, dass die unterschiedlichen Sprachgemeinschaften ihre Forschungen feiern und fördern konnten. Im Hinblick auf die kulturelle Entwicklung lässt sich ferner feststellen, dass umgekehrt die Wissenschaften die Sprachen ungemein bereichern, weil sie ja Mittel zur sprachlichen Bewältigung dieser Diskursfelder schaffen. Sie sorgen also für einen ›Ausbau‹ der Sprachen; und die Teilhabe an entsprechenden Prestigediskursen steigert wiederum den ›Status‹ der Sprache in der Sprachgemeinschaft. Die Volkssprachen werden aus ihrem niederen Status als Vernakularsprachen zu Kultursprachen erhöht; sie werden ebenso bedeutend wie das prestigereiche Latein.

Nicht alle Sprachen Europas nahmen auf gleiche Weise am hohen Wissenschaftsdiskurs teil. Manche Sprachen blieben auf das nationale Schul- und Universitätswesen beschränkt, andere, das Französische, das Deutsche und das Englische, besaßen eine internationale Verbreitung in wiederum verschiedenem Maße. Während das Französische gleichzeitig Sprache der internationalen Diplomatie, das Englische der internationalen Geschäftswelt war, beide also wirkliche ›Weltsprachen‹ darstellten, hatte sich das Deutsche eine internationale Stellung in bestimmten wissenschaftlichen Disziplinen erworben, etwa in der Philosophie, der Logik, der Chemie, der Theologie und den Altertumswissenschaften.

Der erste Weltkrieg beschädigt die Stellung des Deutschen als internationaler Wissenschaftssprache, der zweite Weltkrieg vollendet ihren Verlust. Die deutschsprachige Wissenschaft kompensierte dies durch den raschen Übergang zur englischsprachigen Wissenschaft im internationalen Bereich. Dieser Sprachwechsel ist *kommunikativ* begründet und ebenso nachvollziehbar wie Galileis oder

Descartes' Übergang in die Volkssprachen: Die deutschsprachigen Wissenschaftler suchen sich eine neue – diesmal wieder weltweite – Kommunikationsgemeinschaft, denn die Gemeinschaft der Nähe (*mon pays, la mia città*) hat sich als der Wissenschaft abträglich erwiesen. Die kognitiven Nachteile, die diese Wendung hat, werden in Kauf genommen, ebenso wie die erneute gesellschaftliche Separation der Wissenschaft vom Volk. Sofern die Wissenschaften dabei in ihren Nahebeziehungen (Vorlesung, Labor, Seminar, Unterweisung in der nationalen Praxis) die ›alte‹ Sprache beibehalten, also eine wissenschaftlichen Zweisprachigkeit unterhalten, ist diese Öffnung aufs Englische sogar eine Bereicherung des wissenschaftlichen Handelns.

Neu und problematisch wäre aber die völlige Aufgabe etwa des Deutschen auch im inneren Sprachgebrauch, im Sprachgebrauch wissenschaftlicher Nähe. Für diese Aufgabe gibt es keine kommunikative Notwendigkeit. Wissenschaftler und Studierende sprechen und schreiben ›natürlicherweise‹ Deutsch; nichts zwingt dazu, in einer fremden Sprache miteinander zu kommunizieren. Indem die deutschsprachige Wissenschaft sich ganz aus ihrer Sprache zurückzieht, beraubt sie sich der Möglichkeit, in dieser Sprache zu denken, die größeren Ressourcen einer Erstsprache zu nutzen und damit Wissenschaft nahe an der Lebenswelt zu betreiben. Wissenschaft wird wieder ›fremd‹, das ›Höchste‹, wie Hegel es nennt, entschwindet wieder in einem jetzt englischen Wissenschaftshimmel. In dieser doppelten Distanzierung – kognitiv und kommunikativ – bedeutet dies eine Rückkehr zum Mittelalter.

Dieser Vorgang vollzieht sich in den Wissenschaften unterschiedlich dramatisch. So ist die Rolle der Sprache, wie eingangs gezeigt, in den verschiedenen Wissenschaftsfamilien unterschiedlich stark mit der wissenschaftlichen Erkenntnisgewinnung verwoben. Die Naturwissenschaften sind weniger tief in die Sprache eingelassen. Die Sprache spielt hier im Wesentlichen eine lediglich kommunikative Rolle (auch wenn sie auch in den Naturwissenschaften z. B. in Einführungskontexten als oberste Metasprache fungiert), die partikulare Semantik der Einzelsprache ist von geringer Bedeutung. In den Geisteswissenschaften hingegen ist schon der Gegenstand meist sprachförmig oder zumindest zeichenförmig, und klassischerweise geht es darum, die Bedeutung dieser semiotischen Formen sprachlich erneut zu fassen. Die Sprache schafft einen neuen sprachlichen Gegenstand, und das kognitive Potential der jeweiligen Sprache kommt hier entschieden zur Geltung.

Schließlich ist als weitere unerwünschte Konsequenz des neomediävalen Rückzugs der verschiedenen Sprachen aus der Wissenschaft die Verarmung und Erniedrigung dieser Sprachen zu erwarten. Wenn ein bestimmtes Diskursfeld nicht mehr von einer Sprache abgedeckt wird, geraten die sprachlichen Mittel in Vergessenheit oder werden nicht mehr kreativ weiterentwickelt. Der Ausfall einer Sprache aus prestigereichen Diskursen lässt ferner das Ansehen dieser Sprache in der Sprachgemeinschaft sinken. Sie beschränkt sich dann zunehmend auf ›niedrige‹ und private (›nahe‹) Diskursfelder; sie verliert ihren Status, wird also wieder zur Vernakularsprache.

In welchem Ausmaß Einzelsprachen wissenschaftliche Kreativität bestärken und beflügeln, kann an der Entwicklung der deutschsprachigen Philosophie exemplarisch gezeigt werden: Beim Übergang vom Lateinischen ins Deutsche werden nicht nur arbiträre Signifikanten durch andere ersetzt, die neuen deutschen Termini entfalten auch eine eigene Kraft und treiben das Denken in neue Dimensionen, so etwa das deutsche Wort ›Einbildungskraft‹, das *phantasia* und *imaginatio* ersetzt. Die Entfaltung der Philosophie von Christian Wolff bis Martin Heidegger (in diesem Falle sicher in problematischer Weise) ist gerade auch dem Denken ›aus der deutschen Sprache‹ geschuldet. Das einzelsprachliche semantische Potential philosophischer Begriffe ist im *Vocabulaire européen des philosophies* eindrucksvoll belegt.[9] Als weiteres Beispiel einzelsprachlich induzierter Innovation im Wissenschaftsbereich könnte die Psychoanalyse angeführt werden, in der die Psychologie einen, wenn auch unter Gesichtspunkten der Wissenschaftlichkeit nicht unproblematischen revolutionären Schub durch die Entwicklung neuer Begriffe in deutscher Sprache (Verdrängung, Es, Über-Ich, Fehlleistung etc.) erfährt[10], ferner das Wirken Ferdinand de Saussures, der aus der französischen Sprache die Unterscheidung von *langue*, *parole* und *langage* terminologisch in die Linguistik einführt.

3. Disziplinäre Unterschiede

Die Frage Einsprachigkeit oder Mehrsprachigkeit lässt sich, wie bereits bezogen auf die Besonderheiten der Geisteswissenschaften erwähnt, nicht ohne Blick auf die disziplinäre Vielfalt der Wissenschaften beantworten. Diese Vielfalt spiegelt sich nicht nur in sachbezogenen Zuständigkeiten, sondern auch in den erläuterten unterschiedlichen Abhängigkeiten von im engeren Sinne nichtwissenschaftlichen Unterscheidungssystemen, ferner in unterschiedlichen Methoden und Formen der Theoriebildung.

Stark vereinfachend lässt sich dies wiederum an der üblichen Unterscheidung von Natur- und Geisteswissenschaften zeigen, ohne dass hier ein strenger Wissenschaftsdualismus behauptet werden soll. So zeichnen sich die Naturwissenschaften durch ein hohes Maß an formalsprachlichen Teilen, an apparatesprachlichen Teilen und durch eine Vielfalt von Visualisierungsmöglichkeiten (Tableaus, Graphiken, bildgebende Verfahren) aus. Im Unterschied dazu weisen die Geisteswissenschaften, deren Gegenstände meist selbst sprachförmig sind, ein hohes Maß an argumentativen Teilen, damit auch an Sprachabhängigkeiten unterhalb der Ebene formalsprachlicher Repräsentationsmöglichkeiten auf. Hinzu kommt, dass die Geisteswissenschaften ihre Wissenschaftlichkeit nicht in der Formalisierbarkeit sehen. Sie entstanden aus der Interpretation, d.h. der Übersetzung und Deutung, von Schriften (ursprünglich heiligen Schriften). Sie suchen kulturelle Gegenstände zu verstehen und anderen (Fragenden) zu erläutern und sind im Wesentlichen ein (begriffliches und argumentatives) Sprechen über Texte,

Zeichen, Bilder, Artefakte in einer Sprachgemeinschaft. Dabei geht es in der Regel um das Verstehen besonderer (individueller) Gegenstände, nicht um die Formulierung generalisierender Sachverhalte bzw. allgemeiner Gesetze. Oder anders ausgedrückt: In den Geisteswissenschaften sind das Singulare und das Partikulare nach Gegenstand und Erkenntnisinteresse, zu dem auch das Eingebettetsein in einer Wissenschaftskultur gehört, häufig wichtiger als das Universale. Für den Dialog mit dem Gegenstand einerseits und den Fragenden andererseits bedarf es wiederum einer sowohl klaren (begrifflichen) als auch (allgemein) verständlichen Sprache. Diese ist im Allgemeinen die (Kultur-)Sprache einer Sprachgemeinschaft. Ein Sprechen in fremder Sprache verfehlt – jenseits einer engen Spezialistengemeinschaft – einen wesentlichen Zweck der Geisteswissenschaften, nämlich die Aufhebung des Fremden kultureller Gegenstände.

Dieser Unterschied fördert im Bereich der Naturwissenschaften die Entscheidung zugunsten der Einsprachigkeit (im Bereich der im engeren Sinne formalen Wissenschaften wie Logik und Mathematik ohnehin), im Bereich der Geisteswissenschaften die Tendenz zur (beibehaltenen) Mehrsprachigkeit. Wo sich Wissensbildung (Forschung) und Darstellung (Theorie) weitgehend ohne Formalisierungsmöglichkeiten vollziehen, ist eine Entscheidung für Einsprachigkeit mit weitgehenden Verlusten an Unterscheidungsmöglichkeiten bzw. gebrauchssprachlichen Ausdrucksmöglichkeiten verbunden (›gebrauchssprachlich‹ hier verstanden als Gesamtheit der von einer Sprachgemeinschaft verwendeten natürlichen Sprache). Ein Blick in die Publikationsformen unterschiedlicher Disziplinen macht deutlich, dass die Unterschiede groß sind und die Artikulations- bzw. Kommunikationsmöglichkeiten von Disziplin zu Disziplin, ja sogar von Fach zu Fach, stark variieren. Das macht schon innerhalb unterschiedlicher Wissenschaftssprachen einen gewaltigen Unterschied aus, erst recht aber, wenn man an eine einheitliche Wissenschaftssprache denkt, wie es etwa, hier als Beispiel verstanden, das Konzept einer Einheitswissenschaft im Logischen Empirismus vorsah.

Im Logischen Empirismus ist es die Sprache der Physik, die als Universalsprache der Wissenschaft, damit auch als einheitliche Grundlage der wissenschaftlichen Theoriebildung verstanden werden soll. Die These lautet, dass alle wissenschaftlichen Gesetze in einer einzigen Sprache, eben der physikalischen, formulierbar sind. Zusammen mit der weiteren These einer Einheit der Gesetze wird die Einheit der Wissenschaft zur physikalisch orientierten Einheitswissenschaft. Diese soll durch eine Reduktion unterschiedlicher wissenschaftlicher Theorien auf die Theorien der Physik realisiert werden. Neben den historischen Hinweis, dass Reduktionen in der Wissenschaftsgeschichte immer wieder erfolgreich waren, tritt ein heuristischer Gesichtspunkt: Das Prinzip der Reduzierbarkeit habe im Gegensatz zur Annahme einer Nichtreduzierbarkeit die wissenschaftliche Forschung maßgeblich gefördert.

Das Konzept der Einheitswissenschaft ist damit durch ein *historisch-induktives* Argument (die Wissenschaftsgeschichte ist durch erfolgreiche Reduktionen bestimmt; dies wird auch in Zukunft so sein), durch ein *logisches* Argument (der Vereinheitlichung aller Disziplinen stehen keine logisch-begrifflichen Hindernisse entgegen) und durch ein *heuristisches* Argument (das Programm einer Vereinheitlichung aller Disziplinen fördert die Suche nach umfassenden Theorien) gekennzeichnet. Doch diese Argumente überzeugen nicht. So stellt die Geschichte der Wissenschaft keineswegs eine reduktionistische Fortschrittsgeschichte dar; die Zahl der gescheiterten Reduktionsprogramme ist größer als die Zahl der geglückten Programme (Beispiel: Max Plancks Versuch einer Reduktion der frühen Quantentheorie auf die Boltzmannsche statistische Mechanik). Ohne das historisch-induktive Argument verliert aber auch das logische Argument, obgleich es zutrifft, seine

das Konzept der Einheitswissenschaft stützende Kraft; es sichert
lediglich die Widerspruchsfreiheit der einheitswissenschaftlichen
These. Schließlich ist auch das heuristische Argument zur Begründung der These zu schwach. So impliziert heuristische Fruchtbar-
keit noch nicht sachliche Geltung; auch ist die heuristische Frucht-
barkeit von Reduktionsansprüchen zweifelhaft. So hätte etwa im
Falle der Entwicklung der Elektrodynamik im 19. Jahrhundert ein
Bestehen auf der Einlösung mechanistischer Reduktionsansprüche
die Wissenschaftsentwicklung nicht gefördert, sondern im Gegenteil behindert. Das aber bedeutet, dass sich die gesuchte Einheit der
Wissenschaft auch nicht auf die Einheit der Gesetze stützen lässt.

Was hier beispielhaft als der Versuch einer innerwissenschaftli-
chen theoretischen Einheitsfindung beschrieben ist, lässt sich auch
auf den (laufenden) Versuch einer sprachlichen Einheitsbildung,
die Einführung einer normierten Darstellungs- und Kommunikationssprache anhand des Englischen beziehen, in dessen Rahmen
alle anderen Wissenschaftssprachen zu Vernakularsprachen werden. Nur scheiterte der erstere Versuch aus theoretischen Gründen,
während der letztere aus theoretischen wie aus praktischen Gründen, nämlich an einer gut begründeten Mehrsprachigkeit scheitern
wird. Dass es für wissenschaftliche Mehrsprachigkeit auch theoretische Gründe gibt, wurde zu zeigen versucht.

Im Übrigen hängen mit den schon erwähnten unterschiedlichen
Publikationsformen der Natur- und Geisteswissenschaften auch
unterschiedliche Beurteilungsmaßstäbe zusammen.[11] In den Naturwissenschaften ist eine beurteilende Vermessung der Wissenschaft dominiert von quantitativen (indikatorenbasierten) und vornehmlich bibliometrischen Methoden. Diese haben sich als Stan-
dard in der Forschungsbeurteilung etabliert, während sich in den
Geisteswissenschaften quantitative und entsprechende bibliome-
trische Methoden schlecht einsetzen lassen. Die gängigen Datenbanken wie *Web of Science* (Oberfläche für unterschiedliche Lite-

ratur- und Zitationsdatenbanken) oder *Scopus* (Zitations- und
Abstractdatenbank) erfassen geisteswissenschaftliche (und sozial-
wissenschaftliche) Publikationen, zumal solche, die in Form von
Monographien oder Beiträgen in Sammelbänden erscheinen, nur
in völlig unzureichendem Maße. Und das gilt insbesondere wieder
für nicht-englischsprachige Literatur. Auch ist – Stichwort *Impact
Factor*, der die Zitierungen in einer wissenschaftlichen Zeitschrift
in einem bestimmten Zeitraum ermittelt – der Wissensfortschritt
in den Geisteswissenschaften in der Regel durch einen größeren
Zeithorizont geprägt. Späte Wirkungen wissenschaftlicher Arbeiten sind nichts Ungewöhnliches, werden aber in den gängigen Li-
teraturauswertungen nicht erfasst.

4. Globalisierung und Sprachhegemonie

Mit dem engen Zusammenhang von Wissenschaft und Wissensgesellschaft – die Wissensgesellschaft ist zwar nicht gleich Wissenschaftsgesellschaft, aber sie ist in ihrem Wissen primär von der Leistungsfähigkeit der Wissenschaft abhängig – ist auch ein enger Zusammenhang zwischen der Sprache der Wissenschaft und den Informations- und Kommunikationssystemen der Gesellschaft gegeben. Über diese Systeme greift Wissenschaft nicht nur in die Entwicklung der Gesellschaft ein, sie bestimmt auch deren Sprache und Institutionen. Das gilt im besonderen Maße dort, wo in der Wissenschaft Einsprachigkeit herrscht. Die Zahl der Zeitschriften, die nur noch das Englische zulassen, und der wissenschaftlichen Datenbanken, die nur noch englischsprachige Literatur aufnehmen, wächst.[12] Aus Wissen wird in einem weitaus dramatischeren Sinne, als dies Francis Bacon mit seinem Votum, dass Wissen Macht sei, vorgeschwebt haben mag, gesellschaftliche Macht. Diese wiederum gibt sich insbesondere als ökonomische Macht zu erkennen, und sie bringt sich auch in der Wissenschaft zum Ausdruck: der Erhaltung von Vielsprachigkeit in der Wissenschaft, d.h. der Vielfalt von Wissenschaftssprachen auf einer internationalen Ebene, widerspricht die »Durchstrukturierung des Wissenschaftsfeldes nach ökonomischen Effizienzkriterien«[13]. Deren Folgen sind nicht nur ökonomischer, sondern auch institutioneller Art. Eine derartige Durchstrukturierung drückt sich aus in der Herrschaft über Themenstellungen und Organisationsformen.[14]

Zugleich trägt, drastisch formuliert, der »Anglifizierungsprozess in der internationalen Wissenschaftskommunikation kulturimperialistische Züge«[15]. Jedenfalls sind hegemoniale Züge unverkennbar, und zwar in zweifacher Weise: Sie drücken sich aus einerseits in der Hegemonialität der englischsprachigen Wissenschaftskultur und andererseits, innerhalb dieser Kultur und zum Nachteil der Geistes- und Sozialwissenschaften, in der Hegemonialität der Naturwissenschaften.[16] Deren Arbeits-, Kommunikations- und Organisationsstil bestimmt, z. B., wie schon erwähnt, bei der Wissensbeurteilung und in Rating- und Rankingprozessen, zunehmend auch die entsprechenden, vielfach ganz anders gearteten Formen in den Geistes- und Sozialwissenschaften bzw. lässt diese ins wissenschaftliche Abseits laufen.

Internationalität setzt in der Wissenschaft Einsprachigkeit nicht voraus, wird durch diese aber einfacher (wissenschaftliche Vielsprachigkeit wird, wie von d'Alembert, nur noch als hinderlich erfahren) und sekundiert der allgemeinen Ökonomisierungstendenz der Globalisierung. Dass dies in einen neuen Provinzialismus führt – ›ich nehme nur noch wahr, was in meiner Sprache daherkommt‹ – wird übersehen oder bagatellisiert. Dabei hat der wissenschaftliche Monolinguismus eine vornehmlich das *basic English* befördernde Funktion. Er macht von der Fülle der englischen Sprache keinen Gebrauch – dazu müsste jeder Wissenschaftler das Englische als Muttersprache beherrschen – und kommt als Wissenschaftsenglisch oft nur als Karikatur des Englischen daher. Allgemein gesprochen ginge es um eine natürliche Sprache, die so reich ist, dass sie auch alle Unterscheidungen anderer natürlicher Sprachen möglichst ohne Erweiterung ihrer Syntax/Semantik korrekt einzubetten erlaubt, also in diesem Sinne die reichste Sprache wäre. Für die Wissenschaft ist jedenfalls ein neuer Provinzialismus, der dies nicht bedenkt, fatal, weil sich Einsichten und ein entsprechendes Wissen nun einmal nicht an selbstgewählte Sprachgrenzen halten, und seien diese auch, wie im Falle des Englischen heute, global definiert.

Es ist üblich geworden, vom Englischen als *lingua franca* der Wissenschaft zu sprechen. Sofern damit ein auf den Bereich praktischer Lebensbewältigung (Handel, Tourismus, Gastronomie, Auskunftswesen aller Art) bezogenes reduziertes Ensemble von Zeichen für die internationale Kommunikation gemeint ist, erweist sich diese Bezeichnung für die Wissenschaft als unangemessen.[17] Wissenschaft ist präzises und höchst differenziertes Denken und drückt sich in einer Sprache aus, die prinzipiell das Gegenteil einer *lingua franca* ist. Wissenschaft, mit anderen Worten, stellt große sprachliche Anforderungen. Die Entwicklung und Formulierung wissenschaftlicher Erkenntnisse, aber auch der akademische Unterricht, der dies einübt, verlangen Sprachbeherrschung und Genauigkeit auf höchstem Niveau. Faktisch wird aber das Englische heute global als praktisches Kommunikationsmittel verwendet und damit oft auf eine *lingua franca* reduziert. Nur sofern es zur internationalen Kommunikation spezialistisch restringierter wissenschaftlicher Ergebnisse – etwa als Erläuterung von Statistiken oder Messungen – gebraucht wird (und das ist in der Tat oft der Fall), ist es auch in der Wissenschaft *lingua franca*.

Doch das ist eher die Ausnahme, nicht die eigentliche wissenschaftliche Sprachtätigkeit. Wissenschaftliches Sprechen, insbesondere in den Geisteswissenschaften, verlangt höchst elaborierte Sprachkompetenzen. Auch wissenschaftliches Englisch ist eine hochentwickelte Sprache und darf nicht auf das Niveau und die Funktion einer *lingua franca* reduziert werden. Geschieht dies dennoch, nimmt die Wissenschaft unweigerlich Schaden. Daher ist generell darauf zu achten, dass in den Wissenschaften differenzierte Sprachkompetenzen geübt und gepflegt werden. Das wiederum wird in der heutigen vernetzten Welt vielfältige Mehrsprachigkeiten erforderlich machen. So könnte z. B. ein *lingua franca*-Englisch für restringierte Kommunikation in Forschung und Lehre zusammengehen mit einem elaborierten Wissenschaftsdeutsch (in allen

Kompetenzbereichen), darüber hinaus aber auch die Kenntnis (zumindest die Lesefähigkeit) in anderen Sprachen gefordert sein. Die Vorstellung, dass das *lingua franca*-Englisch die einzige Sprache der Wissenschaft sei, ist, jedenfalls wenn sie sich auf *basics*, d. h. auf eine primitive Syntax und ein minimales Lexikon beschränken sollte, imstande, erhebliche Verwüstungen in den Wissenschaften anzurichten.

5. Kritik der Einsprachigkeit – weitere Aspekte

Dass eine international gebräuchliche Verständigungssprache mindestens im Bereich der Naturwissenschaften Vorzüge aufweist, indem sie weltweiten Austausch von Forschungsresultaten, Zusammenarbeit in internationalen Forschergruppen oder gemeinsame Terminologien ermöglicht, damit im wesentlichen kommunikativen Zwecken dient, kann nicht bezweifelt werden. Gleichzeitig gilt es aber auch, Grenzen der Verständigung bzw. der Verständlichkeit ernst zu nehmen. So zeigen Studien aus Großbritannien, Frankreich und Japan, dass nicht wenige Forscher Mühe bekunden, wissenschaftliche Texte in englischer Sprache wirklich zu verstehen. Noch stärker wirken sich sprachliche Defizite in den eigenen Publikationen oder Diskussionsbeiträgen aus: Nicht-anglophone Forschende »sagen nicht, was sie wollen, sondern was sie können«[18]. Eine Verbesserung der Sprachkompetenz bedeutete einen zusätzlichen Aufwand an Zeit, die dann bei der eigentlichen Forschungstätigkeit fehlt. Nicht-anglophone Wissenschaftler scheinen auch bei der Begutachtung ihrer Manuskripte durch maßgebliche, meist angelsächsische Zeitschriften und allgemein im Beschäftigungskontext (*employability,* wie es heute heißt) benachteiligt zu sein. Wie Studien zeigen, haben Wissenschaftler, die an englischsprachigen Universitäten – sei es in den Naturwissenschaften oder in den Geisteswissenschaften – promoviert wurden, die besseren Chancen auf dem Arbeitsmarkt.[19]

Die zunehmende Verwendung des Englischen auch in den Geisteswissenschaften führt zu einer größeren Verbreitung der Forschungsergebnisse, hat aber auch die Übernahme angelsächsischer Wissenschaftstraditionen, etwa in konzeptueller oder methodologischer Hinsicht, zur Folge.[20] Statt einer Pluralität von Perspektiven und Ansätzen wird einer Uniformisierung der Wissenschaft Vorschub geleistet. Nicht nur die Benachteiligung nicht-anglophoner Wissenschaftler, sondern auch die vermeintlich privilegierte Position ihrer englischsprachigen Kollegen hat negative Auswirkungen auf das Wissenschaftssystem im Allgemeinen, denn mit dem Mythos des Englischen als der Sprache der Wissenschaft schlechthin haben die Bereitschaft und die Kompetenz der Muttersprachler (*native speakers)*, Forschungsergebnisse in anderen Sprachen als Englisch zur Kenntnis zu nehmen, abgenommen. Dies scheint sogar im zweisprachigen Kanada zu gelten, wo die französischsprachigen Forscher die Literatur in beiden Sprachen rezipieren, die Forscher englischer Zunge hingegen die französischsprachige Forschung nicht mehr zur Kenntnis nehmen.[21]

Das Problem einer drohenden Verarmung der Wissenschaft durch eine monosprachliche Horizontbegrenzung wird inzwischen selbst im angelsächsischen Raum erkannt. Eine von der *British Academy* in Auftrag gegebene Studie[22] bestätigt die mangelnden Sprachkenntnisse der eigenen Wissenschaftler, die damit ›Gefangene ihrer Sprache‹ geworden seien. Der nur noch fakultative Fremdsprachunterricht im Sekundar- und Tertiärbereich, verbunden mit der Schließung eines Drittels der fremdsprachlichen Institute innerhalb von sieben Jahren, verschließe den Zugang sowohl zu Forschungsgegenständen als auch zur Forschungsliteratur in anderen Sprachen. Dies schade der wissenschaftlichen Qualität, vermindere die Chancen Großbritanniens im internationalen Wettbewerb und führe dazu, dass vermehrt auf ausländische Forscher mit einschlägigen Sprachkompetenzen zurückgegriffen werden müsse. Dementsprechend empfiehlt die *British Academy* den sofortigen und nachhaltigen Ausbau des Sprachunterrichts auf allen Stufen bis hin zu den Post-Docs, namentlich in Deutsch, Französisch, Spanisch und Italienisch, und zwar nicht nur im Bereich der Geistes- und Sozialwissenschaften. Auch Naturwissenschaftler benötigten, so die hier vertretene These, gute Fremdsprachenkenntnisse, um international erfolgreich zu sein.[23] In den Empfehlungen der *British Academy* wird also der Begriff der Internationalisierung der Wissenschaft gerade nicht mit der Einheitssprache Englisch, sondern mit einer wieder herzustellenden Mehrsprachigkeit in Verbindung gebracht.

Komplementär zu den Schlussfolgerungen der erwähnten Studie, wonach für die Qualität der Forschung in der Wissenschaftssprache Englisch die Rezeption anderssprachlicher Forschungen unabdingbar sei, steht die von verschiedenen Forschern formulierte Warnung, dass mit der Verdrängung der eigenen Forschungssprache durch das Englische der spezifische Charakter von Wissenschaftstraditionen verlorengehe. So wird z. B. die Stärke der französischen Mathematik auf die in diesem Bereich immer noch übliche Wissenschaftssprache Französisch zurückgeführt und werden Schwächen anderer französischer Wissenschaftszweige mit der Aufgabe der eigenen Sprache – zu Gunsten des Englischen – in Verbindung gebracht: »c'est dans la mesure où l'école mathématique française reste attachée au français qu'elle conserve son originalité et sa force. *A contrario*, les faiblesses de la France dans certaines disciplines scientifiques pourraient être liées au délaissement linguistique.«[24] Dass die enge Beziehung zwischen eigener Sprache und Wissenschaft, die sich mit ihrer formalen Sprache am weitesten von den natürlichen Sprachen und ihren kulturellen Kontexten entfernt, von einem Vertreter der Mathematik betont wird, macht die Argumentation umso bemerkenswerter. Eine italienische Immunologin beruft sich ausdrücklich auf die sprachliche Verfasstheit der Wissenschaft und kritisiert die sprachliche Verarmung, die mit dem hölzernen ›globish‹ in den Wissenschaften einhergehe. Gleichzeitig verliere die Nationalsprache die Fähigkeit zur Verbreitung wissenschaftlicher Erkenntnisse, die unabdingbar für eine demokratische Gesellschaft sei.[25]

Die am Mailänder *Politecnico* im Jahre 2012 angekündigte Umstellung der Master- und Doktoratskurse auf Englisch hat an den italienischen Universitäten und in der Öffentlichkeit zu mehrheitlich ablehnenden Reaktionen geführt, wie ein von der *Accademia della Crusca* herausgegebenes Buch belegt.[26] Angeführt werden auch hier die Banalität des ›globish‹, das der Komplexität wissenschaftlicher Erkenntnisse nicht angemessen sei und Innovationen behindere, der Verlust an Diversität von sich gegenseitig befruchtenden wissenschaftlichen Traditionen, die zunehmende Entfremdung zwischen Wissenschaft und Gesellschaft sowie der durch Studien belegte verminderte Lernerfolg bei fremdsprachigen Vorlesungen und Seminaren.

Die erwähnten Beispiele liefern Argumente sowohl für die Fortführung von (auch) sprachlich definierten Forschungstraditionen als auch für den sprachenübergreifenden wissenschaftlichen Austausch. Dabei erscheint auch hier die Funktion des Englischen als dominierende Wissenschaftssprache problematisch; gerade ihre positiv zu wertende Leistung als internationale Kommunikationssprache der Wissenschaft führt zu Entwicklungen, die der Wissenschaft letztlich schaden. Dass es auch anders geht (gehen sollte), zeigt die 1928 gegründete Académie Internationale d'Histoire des Sciences, die in ihrem Organ, den »Archives Internationales d'Histoire des Sciences«, Beiträge in sechs Sprachen veröffentlicht (Deutsch, Englisch, Französisch, Italienisch, Russisch und Spanisch).[27]

6. Empfehlungen

In Analyse und Beurteilung haben sich im Wesentlichen drei Argumente gegen die Einsprachigkeit und für die Mehrsprachigkeit in der Wissenschaft herausgeschält: ein erkenntnis- und wissenschaftstheoretisches Argument, ein historisch-heuristisches Argument und ein antiökonomistisches Argument.

Das *erkenntnis- und wissenschaftstheoretische* Argument betrifft die sprachliche Verfasstheit des Wissens und der Wissenschaft. Sprache ist der Wissenschaft nicht äußerlich, sondern stellt in Form eines Unterscheidungsapriori, im Falle eines apparativen und experimentellen Aufbaus in den Wissenschaften ergänzt um ein Herstellungsapriori, die Grundlage wissenschaftlichen Wissens und Handelns dar. Sie basiert auf den als Gebrauchssprachen fungierenden natürlichen Sprachen, die ebenfalls eine Unterscheidungspraxis bilden. Der Verlust einer derartigen Basis wäre auch ein Verlust in wissenschaftlicher Hinsicht. Für die Geisteswissenschaften, deren Gegenstände meist selbst sprachlicher Art sind, gilt dies in ganz besonderer Weise: sie verlören einen wesentlichen Teil ihrer Unterscheidungs- und Ausdrucksmöglichkeiten und mit diesen die Verbindung zur kulturellen Form der Welt, die ihr besonderer Gegenstand ist.

Das *historisch-heuristische* Argument bezieht sich auf den wissenschaftshistorisch vielfach belegbaren Umstand, dass wesentliche wissenschaftliche Schübe (im Sinne des Konzepts wissenschaftlicher Revolutionen von Thomas S. Kuhn) durch Mehrsprachigkeit, d.h. durch Übergang von einem einsprachigen Wissenschaftsregime zu einer mehrsprachlichen Praxis, insbesondere durch Rückgriff auf den Bereich natürlicher Sprachen (Volkssprachen), erfolgen. Das erkenntnis- und wissenschaftstheoretische Argument findet hier sein *fundamentum in re*. Als besonderes Beispiel mag erneut Galileis Übergang zur italienischen Volkssprache dienen, mit dem zugleich die (für die experimentelle Physik wesentliche und für die Entstehung der neuzeitlichen Physik konstitutive) Verbindung zu den Werkstätten vollzogen wird. Allgemein gilt eine solche kreative Öffnung zu anderen Sprach- und Praxistraditionen sowohl für theoretische als auch für erfahrungskonstituierende Entwicklungen. Das Neue in der Wissenschaft kommt meist auf ungewohnten Wegen, theoretischen, empirischen und eben auch sprachlichen Wegen.

Das *antiökonomistische* Argument fasst den Umstand ins Auge, dass Einsprachigkeit, wie derzeit anhand des Monopols des Englischen als Wissenschaftssprache belegbar, nicht nur wissenschaftssystematische und wissenschaftskommunikative, sondern auch institutionelle Folgen hat. Aus sprachlicher Macht wird institutionelle Macht, verbunden mit einer Ökonomisierungs- und Hegemonisierungstendenz, die auch vor der Wissenschaft nicht Halt macht. Aus sprachlichen Regeln (›wie Wissenschaft spricht‹) werden institutionelle Regeln (›wie sich Wissenschaft organisiert‹); neuere Rating- und Rankinggewohnheiten, aber auch die Herrschaft über Themen und Organisationformen, abgeleitet aus den globalen Ansprüchen einer Wissenschaftssprache, hier des Englischen, sind ein Beleg dafür. Mehrsprachigkeit in der Wissenschaft hielte demgegenüber auch den institutionellen Raum der Wissenschaft offen, offen auch wieder für kreative Schübe.

Voraussetzung aller Maßnahmen zur Förderung der Mehrsprachigkeit (in) der Wissenschaft, gegen den Trend einer Globalisierung auch im Sprachlichen, ist die Einsicht sowohl auf Seiten der Wissenschaft selbst (wissenschaftsinterne Aufklärung) als auch auf Seiten der Wissenschaftspolitik (externe Aufklärung), ferner im weiteren wissenschaftsexternen Sinne auf Seiten des kulturellen Bewusstseins insgesamt in die welt- und wissenschaftsbildende Institution der Sprache. Natürliche Verbündete in diesem Aufklärungsprozess sollten die Schule, die Universität, die Literatur und die Medien sein. Institutionelles Ziel muss die Chancengleichheit im Forschungssystem, d.h. die »Gleichrangigkeit der Erfolgsbedingungen wissenschaftlicher Arbeit«[28] sein. Zu den institutionellen Maßnahmen sollten gehören:

1. Institutionalisierung einer gestuften Mehrsprachigkeit in der akademischen Lehre, d.h. Einführung in die Wissenschaften in den tradierten Kultursprachen (z.B. Deutsch), schrittweiser Erwerb von Kompetenzen in der globalen Kommunikationssprache (Englisch) und in anderen Wissenschaftssprachen (z.B. Französisch, Italienisch, Russisch).

2. Beibehaltung und Förderung von Publikationsformen in den tradierten Wissenschaftssprachen. Zu diesen Publikationsformen gehören in den Geisteswissenschaften z.B. die Monographie und der Essay.

3. Öffnung von Zitationsindizes für Publikationen in anderen Wissenschaftssprachen als dem Englischen und/oder Aufbau eines europäischen Index für alle Wissenschaftssprachen. Dieser hätte zugleich die Grundlage für andere Formen von Relevanzfaktoren zu bilden, in denen z.B. qualitative Gesichtspunkte im sogenannten Peerverfahren stärkere Berücksichtigung finden.

4. Berücksichtigung disziplinenspezifischer unterschiedlicher Wirkungszeiten wissenschaftlicher Publikationen. Im Unterschied zu den Naturwissenschaften, in denen Publikationen gegenüber

dem weiteren wissenschaftlichen Fortschritt schnell an Bedeutung verlieren, gehören zeitversetzte, späte Wirkungen in anderen Disziplinen, z. B. in den Geisteswissenschaften, zur Normalität eines Rezeptionsgeschehens.

5. Beurteilung der Qualität wissenschaftlicher Publikationen auch danach, inwieweit Beiträge außerhalb des englischen Sprachraums wahrgenommen und berücksichtigt werden.

6. Förderung von Übersetzungen aus den tradierten Wissenschaftssprachen ins Englische und umgekehrt, ferner aus den tradierten Wissenschaftssprachen in andere tradierte Wissenschaftssprachen.

7. Generell sollte das Ziel aller Bemühungen im institutionellen Rahmen einer Etablierung von Mehrsprachigkeit in der Wissenschaft ein Zustand sein, in dem jeder Wissenschaftler in der Lage ist, dem wissenschaftlichen Diskurs (in Schrift und Wort) in aus disziplinärer Perspektive zentralen Wissenschaftssprachen zu folgen (Lese- und Rezeptionsfähigkeit) und seinerseits von der *scientific community* als Autor und als Sprecher einer Wissenschaftssprache gelesen und verstanden wird.[29]

Diese Empfehlungen – wie auch die Analysen und Beurteilungen, die zu ihnen führen – richten sich sowohl an die Wissenschaft selbst als auch an die Wissenschaftspolitik. Die Wissenschaft sollte ihr eigenes sprachliches Wesen wieder ernster nehmen, die Wissenschaftspolitik ihre sprachlichen Umstellungspläne, mit denen sie Bildung und Wissenschaft zu beglücken sucht, dringend überdenken. Wenn zutrifft, was hier unter erkenntnistheoretischen, wissenschaftstheoretischen, historischen, kulturellen und institutionellen Gesichtspunkten dargestellt wurde, ist Sprache in der Wissenschaft bzw. die Sprache der Wissenschaft nicht nur ein Kommunikationsmedium, sondern auch ein konstitutives Element der Wissenschaft selbst. Wenn die Wissenschaft das nicht sieht, kennt sie sich selbst nicht. Und wenn die Wissenschaftspolitik an einer derartigen Problemlage vorbeisieht, gerät sie in Gegensatz zu einer Bildungspolitik, die beansprucht, in der Wissenschaft das kulturelle Wesen einer modernen Gesellschaft zu erkennen.

Anmerkungen

1 L. Wittgenstein, Philosophische Untersuchungen §19, in: L. Wittgenstein,
Tractatus logico-philosophicus. Tagebücher 1914–1916. Philosophische
Untersuchungen, Frankfurt 1960, 296.

2 Zu dieser Unterscheidung vgl. K. Lorenz, The Concept of Science. Some
Remarks on the Methodological Issue
›Construction‹ versus ›Description‹ in
the Philosophy of Science, in: P. Bieri
u. a. (Hrsg.), Transcendental Arguments and Science. Essays in Epistemology, Dordrecht 1979, 177–190, ferner
in: K. Lorenz, Logic, Language and
Method. On Polarities in Human Experience. Philosophical Papers, Berlin/
New York 2010, 109–123.

3 Vgl. dazu J. Mittelstraß, Die Möglichkeit von Wissenschaft, Frankfurt 1974,
69–83; ferner ders., Der Flug der Eule.
Von der Vernunft der Wissenschaft und
der Aufgabe der Philosophie, Frankfurt 1998, 213–215.

4 K. R. Popper, Logik der Forschung,
7. Aufl. Tübingen 1982, 26.

5 Vgl. J. Trabant, Europäisches Sprachdenken. Von Platon bis Wittgenstein,
München 2006; J. Schiewe, Von Latein
zu Deutsch, von Deutsch zu Englisch.
Gründe und Folgen des Wechsels von
Wissenschaftssprachen, in: F. Debus
u. a. (Hrsg.), Deutsch als Wissenschaftssprache im 20. Jahrhundert. Vorträge des Internationalen Symposiums

vom 18./19. Januar 2010, Stuttgart 2000,
81–104.

6 Nouveaux essais sur l'entendement
humain (1703–1705) III/9, Sämtliche
Schriften und Briefe, ed. Königlich
Preußische Akademie der Wissenschaften (heute: Berlin-Brandenburgische Akademie der Wissenschaften),
Berlin 1923 ff., VI. 6, 337.

7 Vorlesungen über die Geschichte der
Philosophie, Werke in zwanzig
Bänden, ed. E. Moldenhauer/
K. M. Michel, Frankfurt 1969–1979,
XX, 52.

8 Rede zum Schuljahrabschluss am
29. September 1809, a. a. O. IV, 315.

9 B. Cassin (Hrsg.), Vocabulaire européen des philosophies. Dictionnaire
des intraduisibles, Paris 2004.

10 Vgl. G.-A. Goldschmidt, Als Freud
das Meer sah. Freud und die deutsche
Sprache, Frankfurt 2005.

11 Vgl. zum Folgenden Österreichischer
Wissenschaftsrat, Die Vermessung der
Wissenschaft. Messung und Beurtei-
lung von Qualität in der Forschung,
Wien 2014.

12 Vgl. D. Jakob, Englisch als Sprache
der Globalisierung. Kommunikationstechnische Zwangsläufigkeit oder
linguistischer Imperialismus?, in:
D. Jakob (Hrsg.), Globalisierung und
Kultur. Identität im Wechselspiel von
Begrenzung und Entgrenzung, Mün-

chen 2002, 47–64, hier 51. Zur wachsenden Dominanz des Englischen und zu deren Voraussetzungen vgl. auch K. Knapp, Zurück vor Babel? Zur Zukunft der Weltsprache Englisch, Zeitschrift für Literaturwissenschaft und Linguistik 79 (1991), 18–42.

13 S. Gehrmann, Die Kontrolle des Fluiden. Die Sprachlichkeit von Wissenschaft als Teil einer neuen Weltordnung, in: S. Gehrmann u. a., Bildungskonzepte und Lehrerbildung in europäischer Perspektive, Münster 2015, 117–152, hier 145.

14 Beispiel Philosophie: »The *agenda* of what counts in philosophy is not set in Europe but rather in the anglophone world, particularly in the US« (G. Wolters, European Humanities in Times of Globalized Parochialism, Bollettino della Società Filosofica Italiana N. S. 208 [2013], 3–18, hier 11).

15 D. Jakob, a. a. O., 52. Das wird durchaus auch in der anglophonen Welt so gesehen. Vgl. D. Crystal, English as a Global Language, Cambridge 1997, 5 (»There is the closest of links between language dominance and cultural power, and the relationship will become increasingly clear as the history of English is told.«), ferner Ph. C. Altbach, The Imperial Tongue: English as the Dominating Academic Language, International Higher Education 49 (2007), 2–4 (»the domination by English moves world science toward hegemony led by the main English-speaking academic systems«, 2). Mit Blick auf die wachsende Kritik an dieser Entwicklung wird in allgemeiner, nicht nur die Wissenschaftssprache betreffender sprachpolitischer Hinsicht zwischen einem ›diffusion-of-English paradigm‹ (Paradigma Einsprachigkeit) und einem ›ecology-of-language paradigm‹ (Paradigma Mehrsprachigkeit) unterschieden (R. Phillipson / T. Skutnabb-Kangas, English only Worldwide or Language Ecology, Tesol Quarterly 30 [1996], 429–452).

16 So auch P. Strohschneider in: Alexander von Humboldt-Stiftung (Hrsg.), Braucht Deutschland eine bewusstere, kohäsive Sprachenpolitik? Diskussionspapier 11/2007, 49 (Diskussionsbemerkung). Auf damit verbundene Marginalisierungsprozesse weist K. Ehlich hin (Zur Marginalisierung von Wissenschaftssprachen im internationalen Wissenschaftsbetrieb, in: M. Szurawitzki u. a. [Hrsg.], Wissenschaftssprache Deutsch – international, interdisziplinär, interkulturell, Tübingen 2015, 25–46, bes. 36–43).

17 Vgl. J. Trabant, Über die Lingua franca der Wissenschaft, in: H. Oberreuter u. a. (Hrsg.), Deutsch in der Wissenschaft. Ein politischer und wissenschaftlicher Diskurs, München 2012, 101–107.

18 E. Seguin, Quand »English« rime avec »rubbish«, Découvrir, April 2015, http://www. acfas.ca/publications/ decouvrir/2015/04/quand-english-rime-avec-rubbish.

19 E. Seguin, ebd.

20 E. Seguin, ebd. Vgl. W. Thielmann, Deutsche und englische Wissenschaftssprache im Vergleich: Hinführen – Verknüpfen – Benennen, Heidelberg 2009.

21 E. Seguin, ebd.

22 R. Levitt u. a., Language Matters. The Supply of and Demand for UK Born and Educated Academic Researchers with Skills in Languages Other than English, Cambridge etc. (RAND Europe) 2009. Die entsprechende

Empfehlung der British Academy:
Language Matters. A Position Paper,
London 2009.

23 A. a. O., 3.

24 L. Lafforgue (Träger der Fields Medal
2002), zitiert in: M. D. Gordin,
Scientific Babel. How Science Was
Done Before and After Global English,
Chicago/London 2015, 322.

25 M. L. Villa, L'inglese non basta. Una
lingua per la società, Mailand 2013,
bes. 96.

26 N. Maraschio/D. De Martino (Hrsg.),
Fuori l'italiano dall'università? Inglese,
internazionalizzazione, politica linguistica, Rom/Bari 2013.

27 Vgl. E. Knobloch, Von der unverzichtbaren Sprachen-Vielfalt des Wissenschaftshistorikers, in: Berlin-Brandenburgische Akademie der Wissenschaften (Hrsg.), Welche Sprache(n) spricht
die Wissenschaft?, Berlin 2011 (Debatte
10), 97–98, hier 97.

28 H. Oberreuter u. a. (Hrsg.), Deutsch in
der Wissenschaft. Ein politischer und
wissenschaftlicher Diskurs, München
2012, 274.

29 So auch C. F. Gethmann, Die Sprache
der Wissenschaft, in: Berlin-Brandenburgische Akademie der Wissenschaften (Hrsg.), Welche Sprache(n) spricht
die Wissenschaft?, Berlin 2011 (Debatte
10), 57–63, hier 63.

Literatur

ADAWIS, Die Sprache von Forschung und Lehre: Welche – Wo, für Wen? (Podiumsdiskussion des Arbeitskreises Deutsch als Wissenschaftssprache [ADAWIS] e. V. und der Freien Universität Berlin am 29. Januar 2013 in Berlin), Berlin 2013.

Alexander von Humboldt-Stiftung (Hrsg.), Braucht Deutschland eine bewusstere, kohäsive Sprachenpolitik? Diskussionspapier 11/2007.

P. G. Altbach, The Imperial Tongue. English as the Dominating Academic Language, International Higher Education Heft 49, 2007, 2–4.

U. Ammon, Ist Deutsch noch internationale Wissenschaftssprache? Englisch auch für die Lehre an den deutschsprachigen Hochschulen, Berlin / New York 1998.

Berlin-Brandenburgische Akademie der Wissenschaften (Hrsg.), Welche Sprache(n) spricht die Wissenschaft?, Berlin 2011 (Debatte 10).

P. Bieri u. a. (Hrsg.), Transcendental Arguments and Science. Essays in Epistemology, Dordrecht 1979.

British Academy, Language Matters. A Position Paper, London 2009.

B. Cassin (Hrsg.), Vocabulaire européen des philosophies. Dictionnaire des intraduisibles, Paris 2004.

N. Colin / J. Umlauf (Hrsg.), Mehrsprachigkeit und Elitenbildung im europäischen Hochschulraum, Heidelberg 2015.

D. Crystal, English as a Global Language, Cambridge 1997.

F. Debus u. a. (Hrsg.), Deutsch als Wissenschaftssprache im 20. Jahrhundert. Vorträge des Internationalen Symposiums vom 18./19. Januar 2000, Stuttgart 2000.

K. Ehlich, Deutsch als Wissenschaftssprache für das 21. Jahrhundert, GFL-Journal 1 (2000), 47–63.

K. Ehlich, Wissenschaftssprachliche Strukturen, in: W. Eins u. a. (Hrsg.), Wissen schaffen – Wissenschaft kommunizieren, Wiesbaden 2011, 117–131.

K. Ehlich, Zur Marginalisierung von Wissenschaftssprachen im internationalen Wissenschaftsbetrieb, in: M. Szurawitzki u. a. (Hrsg.), Wissenschaftssprache Deutsch – international, interdisziplinär, interkulturell, Tübingen 2015, 25–46.

W. Eins u. a. (Hrsg.), Wissen schaffen – Wissenschaft kommunizieren, Wiesbaden 2011.

A. Flessner, Der Rechtsanspruch auf die Landessprache in der Universität, Zeitschrift für Rechtspolitik 7 (2015), 212–215.

S. Gehrmann u. a. (Hrsg.), Bildungskonzepte und Lehrerbildung in europäischer Perspektive, Münster / New York 2015.

S. Gehrmann, Die Kontrolle des Fluiden. Die Sprachlichkeit von Wissenschaft als Teil einer neuen Weltordnung, in: S. Gehrmann u. a. (Hrsg.), Bildungskonzepte und Lehrerbildung in europäischer Perspektive, Münster / New York 2015, 117–156.

C. F. Gethmann u. a., Manifest Geisteswissenschaften, Berlin 2005.

C. F. Gethmann, Die Sprache der Wissenschaft, in: Berlin-Brandenburgische Akademie der Wissenschaften (Hrsg.), Welche Sprache(n) spricht die Wissenschaft?, Berlin 2011 (Debatte 10), 57–63.

Goethe-Institut, DAAD, IDS (Hrsg.), Deutsch in den Wissenschaften. Beiträge zu Status und Perspektiven der Wissenschaftssprache Deutsch, München 2013.

G.-A. Goldschmidt, Als Freud das Meer sah. Freud und die deutsche Sprache, Frankfurt 2005.

M. D. Gordin, Scientific Babel. How Science Was Done before and after Global English, Chicago/London 2015.

H. Haberland / K. Schulte, Deutsch als Wissenschaftssprache, in: M. S. Pedersen / H. Haberland (Hrsg.), Sprogliv – Sprachleben. Festskrift til Karen Sonne Jakobsen, Roskilde 2008, 123–134.

G. W. F. Hegel, Werke in zwanzig Bänden, ed. E. Moldenhauer / K. M. Michel, Frankfurt 1969–1979.

A. Hornung, Lingue di cultura in pericolo – Bedrohte Wissenschaftssprachen. L'italiano e il tedesco di fronte alla sfida dell'internazionalizzazione – Deutsch und Italienisch vor den Herausforderungen der Internationalisierung, Tübingen 2011.

HRK Hochschulrektorenkonferenz, Sprachenpolitik an deutschen Hochschulen (Empfehlung der 11. Mitgliederversammlung der HRK am 22. 11. 2011), Bonn 2011.

D. Jakob (Hrsg.), Globalisierung und Kultur. Identität im Wechselspiel von Begrenzung und Entgrenzung, München 2002.

D. Jakob, Englisch als Sprache der Globalisierung. Kommunikationstechnische Zwangsläufigkeit oder linguistischer Imperialismus?, in: D. Jakob (Hrsg.), Globalisierung und Kultur. Identität im Wechselspiel von Begrenzung und Entgrenzung, München 2002, 47–64.

P. Janich, Handwerk und Mundwerk. Über das Herstellen von Wissen, München 2015.

K. Knapp, Zurück vor Babel? Zur Zukunft der Weltsprache Englisch, Zeitschrift für Literaturwissenschaft und Linguistik 79 (1991), 18–42.

E. Knobloch, Von der unverzichtbaren Sprachen-Vielfalt des Wissenschaftshistorikers, in: Berlin-Brandenburgische Akademie der Wissenschaften (Hrsg.), Welche Sprache(n) spricht die Wissenschaft?, Berlin 2011 (Debatte 10), 97–98.

E. Kushner, English as Global Language. Problems, Dangers, Opportunities, Diogenes 50 (2003), Nr. 2, 17–23.

G. W. Leibniz, Sämtliche Schriften und Briefe, ed. Königlich-Preußische Akademie der Wissenschaften (heute: Berlin-Brandenburgische Akademie der Wissenschaften), Berlin 1923 ff.

R. Levitt u. a., Language Matters. The Supply of and Demand for UK Born and Educated Academic Researchers with Skills in Languages Other than English, Cambridge etc. (RAND Europe) 2009.

K. Lorenz, The Concept of Science. Some Remarks on the Methodological Issue ›Construction‹ versus ›Description‹ in the Philosophy of Science, in: P. Bieri u. a. (Hrsg.), Transcendental Arguments and Science. Essays in Epistemology, Dordrecht 1979, 177–190.

K. Lorenz, Logic, Language and Method. On Polarities in Human Experience. Philosophical Papers, Berlin/New York 2010.

N. Maraschio/D. De Martino (Hrsg.), Fuori l'italiano dall'università? Inglese, internazionalizzazione, politica linguistica, Rom/Bari 2013.

R. Meneghini/A. L. Packer, Is There Science beyond English? Initiatives to Increase the Quality and Visibility of Non-English Publications Might Help to Break Down Language Barriers in Scientific Communication, EMBO Reports 8 (2007), Nr. 2, 112–116.

J. Mittelstraß, Die Möglichkeit von Wissenschaft, Frankfurt 1974.

J. Mittelstraß, Der Flug der Eule. Von der Vernunft der Wissenschaft und der Aufgabe der Philosophie, Frankfurt 1998.

S. L. Montgomery, Does Science Need a Global Language? English and the Future of Research, Chicago/London 2013.

H. Oberreuter u. a. (Hrsg.), Deutsch in der Wissenschaft. Ein politischer und wissenschaftlicher Diskurs, München 2012.

L. Olschki, Geschichte der neusprachlichen wissenschaftlichen Literatur, I–III, Heidelberg/Halle 1919–1927.

Österreichischer Wissenschaftsrat, Die Vermessung der Wissenschaft. Messung und Beurteilung von Qualität in der Forschung, Wien 2014.

M. S. Pedersen/H. Haberland (Hrsg.), Sprogliv – Sprachleben. Festskrift til Karen Sonne Jakobsen, Roskilde 2008.

R. Phillipson/T. Skutnabb-Kangas, Eng-

lish Only Worldwide or Language Ecology, Tesol Quarterly 30 (1996), 429–452.

K. R. Popper, Logik der Forschung, 7. Aufl. Tübingen 1982.

U. Pörksen, Wird unser Land zweisprachig? Vorsichtige Überlegungen zur Geschichte und Zukunft des Deutschen, Stuttgart 2008.

A. Redder u. a., Grundzüge einer Europäischen Wissenschaftsbildung (Memorandum verabschiedet von Teilnehmern der Tagung »Europäische Wissenschaftsbildung. Deutsch-italienische Analysen und Perspektiven«, am 7.–8. März 2014 an der FU Berlin, durchgeführt vom VW-Projekt *euro-Wiss* in Kooperation mit dem Italienzentrum der FU Berlin), Jahrbuch Deutsch als Fremdsprache 39 (2013, erschienen 2015), 193–210.

J. Schiewe, Von Latein zu Deutsch, von Deutsch zu Englisch. Gründe und Folgen des Wechsels von Wissenschaftssprachen, in: F. Debus u. a. (Hrsg.), Deutsch als Wissenschaftssprache im 20. Jahrhundert. Vorträge des Internationalen Symposiums vom 18./19. Januar 2000, Stuttgart 2000, 81–104.

E. Seguin, Quand »English« rime avec »rubbish«, in: Découvrir, April 2015, http://www.acfas.ca/publications/decouvrir/2015/04/quand-english-rime-avec-rubbish, 07.12.2015.

P. Strohschneider in: Alexander von Humboldt-Stiftung (Hrsg.), Braucht Deutschland eine bewusstere, kohäsive Sprachenpolitik? Diskussionspapier 11/2007, 49 (Diskussionsbemerkung).

M. Szurawitzki u. a. (Hrsg.), Wissenschaftssprache Deutsch – international, interdisziplinär, interkulturell, Tübingen 2015.

W. Thielmann, Deutsche und englische

Wissenschaftssprache im Vergleich: Hinführen – Verknüpfen – Benennen, Heidelberg 2009.

J. Trabant, Europäisches Sprachdenken. Von Platon bis Wittgenstein, München 2006.

J. Trabant, Über abgefahrene Züge, das Deutsche und andere Sprachen in der Wissenschaft, in: Denkströme. Journal der Sächsischen Akademie der Wissenschaften Heft 6 (2011), 9–22.

J. Trabant, Über die Lingua franca der Wissenschaft, in: H. Oberreuter u. a. (Hrsg.), Deutsch in der Wissenschaft. Ein politscher und wissenschaftlicher Diskurs, München 2012, 101–107.

L. Wittgenstein, Tractatus logico-philosophicus. Tagebücher 1914–1916. Philosophische Untersuchungen, Frankfurt 1960.

M. L. Villa, L'inglese non basta. Una lingua per la società, Mailand 2013.

G. Wolters, European Humanities in Times of Globalized Parochialism, Bollettino della Società Filosofica Italiana N. S. 208 (2013), 3–18.

G. Wolters, Globalized Parochialism. Consequences of English as Lingua Franca in Philosophy of Science, International Studies in the Philosophy of Science 29 (2015), 189–200.